KORPORATION DER KAUFMANNSCHAFT VON BERLIN.

Handelshochschule Berlin.

Vorlesungen und Übungen

im Winter-Semester 1910/11.

Preis 30 Pf. Zu haben beim Pedell in der Pförtner-Loge des Hochschulgebäudes (am Eingang Spandauerstr. 1).

Verlag von Georg Reimer
Berlin W.35, Lützowstr. 107-8.

Inhalt.

A.

Lehrkörper der Handelshochschule Berlin.

(Die Sprechstunden sind in Klammern angegeben.)

I. Rektor (Rektoratsperiode 1909/12).

Dr. Dunker, Professor, Geheimer Regierungsrat (siehe Nr. 2).

II. Prorektor (aus der Rektoratsperiode 1906/9).

Dr. Jastrow, Professor (siehe Nr. 4).

III. Dozenten im Hauptamte.

		Nummern der Vorlesungen.
1.	Dr. Binz, Professor der Chemie, Berlin W. 30, Habsburger Str. 10 II, Amt VI, 14 889. *(Di, Fr 3-6 im Chemischen Institut, Zimmer 210.)*	13, 82-86
2.	Dr. Dunker, Geheimer Regierungsrat, Professor für kaufmännisches Unterrichtswesen und für Geographie, Groß-Lichterfelde-Ost, Parallelstr. 1. *(Di, Mi, Fr 10-11 im Rektoratszimmer.)*	1, 66, 67, 111-113
3.	Dr. Eltzbacher, Professor der Rechtswissenschaft, (vom 1. Oktober 1910 ab) Grunewald, Beymestr. 7. *(Di, Do 11½ Uhr im Hochschulgebäude, Zimmer 106, Amt I, 5311.)*	53, 56, 64, 65
4.	Dr. Jastrow, Professor der Staatswissenschaften, Charlottenburg, Berliner Str. 54. *(Mi, Sb 11 Uhr, Fr 5 Uhr im Hochschulgebäude, Zimmer 207. Mo, Do 4-5 in der Privatwohnung.)*	26, 30, 38
5.	Leitner, Professor der Handelswissenschaften, Charlottenburg, Windscheidstr. 5 I). *(Im Hochschulgebäude, Zimmer 108, nach den Vorlesungen, Amt I, 5311.)*	6, 9, 15, 16, 24, 114

Nummern der Vorlesungen.

6. Dr. Martens, Professor der Physik, Berlin NW. 23 (Bahnhof Bellevue), Claudiusstr. 4, Gartenhaus III. Etage. *Täglich im Physikalischen Institut,* Fernsprecher des Physikalischen Instituts I, 5115. 76-81

7. Dr. Preuß, Professor des öffentlichen Rechts, Berlin W. 10, Matthäikirchstr. 29. *(Im Hochschulgebäude Zimmer 106 nach den Vorlesungen.)* 29,55,63

8. Dr. Schär, Professor der Handelswissenschaften, Groß-Lichterfelde-Ost, Schillerstr. 26, Telephon Amt Groß-Lichterfelde 3658. *(Di, Fr 11-12 im Hochschulgebäude, Zimmer 1, Amt I, 5311.)* 3, 4, 18, 19,22,23

9. Dr. Sombart, Professor der Staatswissenschaften, Charlottenburg, Suarezstr. 27 (Eingang Trendelenburgstraße.) *(Mi, Do um 2 Uhr im Hochschulgebäude, Zimmer 104, Amt I, 5311.)* 27,28,39

10. Dr. Spies, Dozent der englischen Sprache, Berlin W. 57, Kurfürstenstr. 4 III. *(Im Hochschulgebäude, Zimmer 125, nach den Vorlesungen und Übungen, Amt I, 5311; in der Privatwohnung Mi 1½-2.)* 93, 119, 120

IV. Dozenten im Nebenamte.

11. Dr. Apt, Professor, Syndikus der Aeltesten der Kaufmannschaft von Berlin und Syndikus der Handelshochschule, Berlin W. 35, Magdeburger Str. 33. *(Mi 12-1 in seinem Amtszimmer Neue Friedrichstr. 51 I.)*

12. L. Bendix, Prokurist, Charlottenburg, Dernburgstr. 50. *(Mo, Do 4-5 im Bureau Jägerstr. 61a bei Landsberger.)* 32-34

13. Dr. v. Bortkiewicz, a. o. Professor an der Universität, Halensee, Johann-Sigismund-Str. 2. *(Do 3-5 in der Wohnung.)* 47

14. Dr. Crüger, Justizrat, Professor, Anwalt des Allgemeinen Deutschen Genossenschaftsverbandes, Westend, Nußbaumallee 17. *(9-10 im Bureau des Allgemeinen Deutschen Genossenschafts-Verbandes, Charlottenburg, Berliner Strasse 102.)* Amt Charlottenburg 597. 50, 51

15. Dr. Eger, Geheimer Regierungsrat, Berlin W. 10, Rauchstr. 5 II, Amt VI, 4974. *(Täglich 5-6 in der Privatwohnung; Do 8 abends im Hochschulgebäude, Zimmer 103.)* 61

Nummern der Vorlesungen.

16. Dr. Frischeisen-Köhler, Privatdozent an der Universität, Berlin S. 14, Sebastianstr. 87. *(Nach der Vorlesung.)* 115

17. Dr. Fuchs, Archivar der Deutschen Bank, Berlin W. 57, Bülowstr. 5. *(Nach der Vorlesung.)*

18. Dr. Paul Goldschmidt, Professor, Oberlehrer a. D., Berlin W. 50, Geisbergstr. 22 III. *(3-4 in der Wohnung.)* 2

19. Dr. Hager, Regierungsrat a. D., Direktor der Preußischen Lebens-Versicherungs-Aktien-Gesellschaft, Berlin W. 8, Mohrenstr. 62. *(Im Hochschulgebäude, Zimmer 103, vor und nach der Vorlesung.)* 45

20. Haguenin, Professor an der Universität Berlin, Wilmersdorf, Hohenzollerndamm 205, Amt Wilmersdorf 3054. *(Im Hochschulgebäude nach der Vorlesung, Di 11-1 in der Wohnung.)* 121

21. Hermann Hecht, Kaufmann, Mitinhaber der Firma Hecht, Pfeiffer & Co., Berlin SW. 68, Ritterstr. 48, Amt IV, 10 387, 10 388, 10 389. *(Vormittags 9-10, Ritterstr. 48.)* 25

22. Dr. Heilfron, Amtsgerichtsrat, Professor, Charlottenburg, Fasanenstr. 6, Amt Charlottenburg 10 012. *(Nach den Vorlesungen im Hochschulgebäude, Zimmer 103.)* 54, 57, 58

23. Dr. Herrmann, Professor, Privatdozent an der Universität, Schriftleiter der Gesellschaft für deutsche Erziehungs- und Schulgeschichte, Berlin W. 50, Augsburger Str. 34 III. *(Mo, Do 4-5 in der Privatwohnung.)* 116

24. Dr. Hoeniger, Professor, Privatdozent an der Universität, Lehrer an der Kriegsakademie, Berlin W 50, Kurfürstendamm 231, hochparterre. *(Di, Fr $3^1/_2$-5 in der Privatwohnung.)* 74, 75

25. Dr. Justi, Professor, Direktor der Königlichen National-Galerie, Wilmersdorf, Xantener Str. 15, Amt Wilmersdorf 3786. *(Di 5-6 in der Wohnung.)* 117

26. Dr. Köbner, a. o. Professor an der Universität, Wirklicher Admiralitätsrat und Vortragender Rat im Reichs-Marine-Amt, Berlin W. 10, Matthäikirchstr. 28 parterre, Amt VI, 5194. *(Nach der Vorlesung im Hochschulgebäude.)* 40

Nummern der Vorlesungen.

27. Dr. Kriele, Volkswirtschaftlicher Beirat der Aeltesten der Kaufmannschaft von Berlin, Grunewald, Hohenzollerndamm 89, Amt Wilmersdorf 1104. *(Werktäglich von 10-11 Neue Friedrichstr. 51 I.)* 35, 36

28. Dr. Freiherr v. Liebig, Regierungsrat, Mitglied des Kaiserlichen Aufsichtsamts für Privatversicherung, Berlin W. 15, Ludwigskirchstr. 10 III. *(Vor und nach den Vorlesungen im Hochschulgebäude, Zimmer 103.)* 44, 49

29. Dr. v. Luschan, o. Professor an der Universität, Direktor am Museum für Völkerkunde, Südende, Oehlertstr. 26, Amt Tempelhof 3222. *(Nach der Vorlesung.)* 41

30. Dr. Manes, Professor, Generalsekretär des Deutschen Vereins für Versicherungswissenschaft, Berlin W. 50, Prager Str. 26 I, Amt Wilmersdorf 6709. *(Nach den Vorlesungen im Hörsaal; in der Wohnung nach Verabredung.)* 43, 46, 48

31. Dr. Marcuse, Professor, Privatdozent an der Universität, Lehrer beim Luftschiffer-Bataillon, Groß-Lichterfelde-Ost, Villa Wilhelmstr. 5, Amt Groß-Lichterfelde 286. *(In der Privatwohnung täglich von 3-4.)* 71-73

32. Dr. Meißner, Westend, Platanenallee 12a, Amt Charlottenburg 3858. *(Nach der Vorlesung)* 10

33. Dr. F. Meyer, Kammergerichtsrat, Berlin W. 15, Regensburger Str. 17. *(5-6 in der Privatwohnung.)* 59

34. Dr. Muthesius, Geheimer Regierungsrat, Nikolassee, Dreilindenstraße. *(Nach der Vorlesung im Hörsaal.)* 118

35. Norden, Redakteur, Berlin W. 50, Spichernstr. 7, Amt VI, 10 744. *(In der Privatwohnung an jedem Sonnabend von 5-6.)* 11

36. Dr. Obst, Mitherausgeber der Zeitschrift für Handelswissenschaft und Handelspraxis, Halensee, Westfälische Straße 61 I, Amt Wilmersdorf 5694. *(Mi 1½-2½ in der Privatwohnung; im Hochschulgebäude nach den Vorlesungen.)* 5, 7, 8, 17, 20

37. Dr. Osterrieth, Professor, Generalsekretär des Deutschen Vereins für den Schutz des gewerblichen Eigentums, Berlin, Bureau: W. 66, Wilhelmstr. 57-58 II, Amt I, 5404. *(Von 12-2 im Bureau.)* 60

Nummern der Vorlesungen.

38. Dr. Palme, Lehrer am Orientalischen Seminar der Universität, Berlin W. 57, Bülowstr. 67 III. *(Im Sprechzimmer nach den Vorlesungen und Übungen, in der Wohnung nach Verabredung.)* 62, 102

39. Paschke, Verlagsbuchhändler, Berlin W. 57, Großgörschenstr. 30. *(In der Hochschule nach den Vorlesungen.)* 14

40. Dr. Rahts, Professor, Kaiserlicher Regierungsrat und Mitglied des Kaiserlichen Statistischen Amtes, Charlottenburg, Lützow 4, Amt Charlottenburg 13 073. *(Täglich von 4-5 in der Privatwohnung.)* 31

41. Dr. Rohrbach, Berlin-Friedenau (Ringbahnhof), Isoldestraße 1, Amt Wilmersdorf 1939. *(3-4 in der Privatwohnung.)* 42, 70

Mit der Abhaltung von Vorlesungen beauftragt:

42. Dr. v. Erdberg, Berlin W. 50, Augsburger Str. 61 (Zentralstelle für Volkswohlfahrt), Amt VI, 2637. *(Im Hochschulgebäude nach der Vorlesung.)* 37

43. Dr. J. F. Hoffmann, Professor am Institut für Gärungsgewerbe zu Berlin, Nieder-Schönhausen, Lindenstr. 38. *(In der Hochschule nach der Vorlesung)* 12

44. Dr. Georg Wegener, Berlin W. 50, Prager Str. 36. *(Im Hochschulgebäude nach der Vorlesung.)* 68, 69

45. Dr. Ziegel, Mathematiker bei der Versicherungs-Gesellschaft „Victoria zu Berlin“, Berlin W. 30, Goltzstr. 36. *(Im Hochschulgebäude nach der Vorlesung.)* 21

Mit der Abhaltung eines Praktikums beauftragt:

46. J. Hoffmann, Bureaudirektor der Korporation der Kaufmannschaft, Berlin C. 2, Neue Friedrichstr. 51 (Verkehrsbureau). *(Täglich 12-2.)* 52

Nummern der Vorlesungen.

V. Lehrer am Handelshochschul-Seminar für fremde Sprachen.

Englisch.

47. Brandenburg, Professor, Berlin W. 30, Landshuter Straße 22. *(Im Anschluss an die Übungen im Hochschulgebäude.)* 91, 94

48. Milton Hart, Steglitz, Kieler Str. 6. *(Im Hochschulgebäude nach den Übungen; in der Potsdamer Str. 134b täglich ausser Sb $6^1/_2$-10.)* 87-89, 92

49. Dr. Neuendorff, Oberlehrer, Charlottenburg, Bismarckstraße 13. *(Nach den Übungen.)* 90

Dr. Spies (siehe Nr. 10). 93

Französisch.

50. Francillon, Lehrer am Orientalischen Seminar, Berlin SW. 68, Schützenstr. 18. *(Im Anschluss an die Übungen im Hochschulgebäude Zimmer 103.)* 95

51. Maillet, Licencié-ès-lettres und Assistent der französischen Sprache am Kgl. Friedrich Wilhelms-Gymnasium, Wilmersdorf, Pfalzburger Str. 33a. *(Im Anschluss an die Übungen.)* 96, 97, 101

52. Puy-Fourcat, Officier de l'Instruction publique, Berlin W. 35, Potsdamer Str. 113a. *(Im Anschluss an die Übungen.)* 98, 99

53. Dr. K. Schmidt, Professor, Berlin SW. 47, Yorkstr. 68. *(Im Anschluss an die Übungen.)* 100

Russisch.

54. Dr. Boehme, Berlin SW. 11, Tempelhofer Ufer 36. *(Nach den Übungen.)* 103

Dr. Palme (siehe Nr. 38). 102

Spanisch.

55. Dr. de Mugica, Lehrer am Orientalischen Seminar, Berlin NW. 52, Wilsnacker Str. 3. *(Vor und nach den Übungen.)* 105, 107

56. de Palacios, Konsul a. D., Steglitz, Albrechtstr. 80. *(Nach den Übungen.)* 106

Italienisch.

57. Dr. Stoppani, Berlin W. 10, Dörnbergstr. 5. *(Nach den Übungen.)* **108, 109**

Deutsche Sprachkurse für Ausländer:

58. Dr. Paszkowski, Professor, Leiter der Akademischen Auskunftsstelle an der Universität und Lektor der deutschen Sprache daselbst, Groß-Lichterfelde-West, Elisabethstr. 32. *(Mo, Do 11-12 in der Universität.)* **110**

VI. Lehrer für Stenographie.

59. Coprian, Heinrich, Lehrer, Berlin N. 58, Am Falkplatz 3 (System Stolze-Schrey). *(Vor den Übungen.)* **122**

B.

Institute und Seminare.

1. Physikalisches Institut.

(I. Stock links.)

Direktor: Professor Dr. Martens (siehe A. Nr. 6).
Assistent: Dr. Rosenthal, Berlin C. 2, Spandauer Str. 1.
Hilfsassistent: E. Schmidt, Berlin N. 24, Auguststr. 61.
Mechaniker: Saß, Berlin N. 31, Brunnenstr. 41.

2. Chemisches Institut.

(II. Stock links.)

Direktor: Professor Dr. Binz (siehe A. Nr. 1).
Institutsassistent: Diplom-Ingenieur Dr. K. R. Lange, Berlin NW. 7, Dorotheenstr. 71.
Privatassistent: Mandowsky, Berlin W 15, Bleibtreustr. 33.
Institutsdiener: Hobohm. Wohnung: Zimmer 323.

3. Handelswissenschaftliches Seminar.

(Erdgeschoß rechts, Zimmer 3 und 4.)

Direktoren: Professor Dr. Schär (siehe A. Nr. 8),
Professor Leitner (siehe A. Nr. 5).
Maschinenschreiberin: Frl. Ziese, Friedenau, Handjerystr. 29.

4. Volkswirtschaftlich-juristisches Seminar.

(I. Stock links, Zimmer 105.)

Direktoren: Professor Dr. Sombart (siehe A. Nr. 9),
Professor Dr. Eltzbacher (siehe A. Nr. 3).

5. Geographisches Seminar.

(I. Stock rechts, Zimmer 126.)

Direktor: Professor Dr. Dunker (siehe A. Nr. 2).

6. Seminar für Handelslehrer.

(I. Stock rechts, Zimmer 124.)

Direktor: Professor Dr. Dunker (siehe A. Nr. 2).

7. Handelshochschulseminar für fremde Sprachen.

Direktor: Dr. Spies (siehe A. Nr. 10).

8. Astronomisch-geographische Übungsstation.

(Heiligegeiststr. 1, Eckeingang.)

Leitung: Professor Dr. Marcuse (siehe A. Nr. 31).

C.

VERZEICHNIS
der Vorlesungen und Übungen

die im

Winter-Semester 1910/11

an der

Handelshochschule Berlin

gehalten werden.

I. Allgemeine Einführung in die Studien.

Dozent:

(1.) Einführung in das Studium an der Handelshochschule — *Sb 12-1* . . . . Dunker

Im ersten Teil des Semesters:

Das Wesen der Hochschulbildung und Ratschläge für Einrichtung des Studienplanes.

(2.) Geschichte und Ortskunde von Berlin — *Di 8-9 Abends* . . . . Goldschmidt

Geschichtliche Entwickelung Berlins, namentlich in räumlicher, baulicher und gewerblicher Beziehung.

II. Handelswissenschaften.

Betriebslehre des Handels und einzelner Handelszweige, Handelsjournalistik.

(3.) Allgemeine Handelsbetriebslehre — *Di, Mi, Fr 11-12* . . . . Schär

Einführung in das Studium der Handelswissenschaften, insbesondere in die Betriebslehre und ihre wissenschaftliche Grundlage — Wesen und Begriff des Handels. Das ökonomische Prinzip als Leitmotiv des Handelsbetriebs. Abgeleitete Betriebsgrundsätze (direkter Einkauf, billig kaufen, teuer verkaufen, Größe und Schnelligkeit des Umsatzes. Minderung der Betriebskosten. Die Rolle des Zufalls und der Konjunktur; Hemmungen durch die Koalition usw.). Anwendung der Betriebsgrundsätze auf die Arten und Zweige des Handels. Betriebsfaktoren (Arbeit — Ware — Kapital — Kredit). Organisation des kaufmännischen Betriebs. Der Handel im Organismus der Volkswirtschaft, im Entwicklungsgang der Geschichte.

Der Auditorienzettel erscheint vor Beginn des Semesters.

Dozent:

(4) Organisation des kaufmännischen Betriebes in Handel und Industrie und ausgewählte Gebiete aus der Lehre von der Propaganda — *Mi 8-9 Abends* . . . . Schär

Allgemeine Grundsätze über die Organisation der Arbeit und der Mittel im kaufmännischen Betrieb. Das moderne Kontor. Die kapitalistische und die genossenschaftliche Richtung in der Gesamtorganisation. Organisation der Einzelbetriebe. Direktoriale und kollegiale Leitung. Die departementale Gliederung. Der innere Dienst. Der äußere Dienst, insbesondere der Ein- und Verkauf. Anpassung der Organisation an gegebene Verhältnisse, Kräfte und Mittel. Allgemeine und besondere Arbeitsordnungen. Kontrolle. Monographien aus der Organisation einzelner größerer Unternehmungen (Warenhaus, Großeinkaufsgenossenschaften, Fabriken, Reedereien usw.). Hauptformen der Propaganda und ihre Organisation.

(5) Spezielle Handelsbetriebslehre: Die Technik des Bankgeschäftes — *Di 12-1* . . . . Obst

Organisation des Kreditverkehrs. — Gliederung der Banken und ihrer Geschäfte in banktechnischer, wirtschaftlicher und rechtlicher Beziehung. — Betriebsformen. — Organisation unserer modernen Großbanken. — Depositen- und Giroverkehr; Notenausgabe (Reichsbank und Privatnotenbanken, die großen ausländischen Notenbanken, Bankausweise, Handhabung der Bankpolitik, Organisation der Deutschen Reichsbank); Ausgabe langfristiger Obligationen. — Kontokorrentverkehr (Methoden beim Abschluß des Bankkontokorrents, Bedingungen usw.); Diskontverkehr, Devisenhandel (Zahlungsbilanz und Wechselkurse); Lombardgeschäft; Remboursgeschäft; Blankokredite; Finanzierungen; Hypothekarkredit. — Das Effektenkommissionsgeschäft; der bankmäßig organisierte lokale, nationale und internationale Zahlungsverkehr.

(6.) Handelsbetriebslehre für Juristen, Verwaltungsbeamte usw. — *Mo 6-8* . . . . Leitner

Der Handel und seine Grundlagen. Kredit, Kreditorganisation. Die Banken und ihre Geschäfte. Kreditpapiere: Wechsel, Scheck, Wertpapiere der Börse. Der Handel mit Kreditpapieren. Die Börse, Börsengeschäfte. Finanzierung der Unternehmung. Aktienwesen. Grundzüge der Buchführung.

(7.) Geld, Bank und Börse, ausgewählte Kapitel unter besonderer Berücksichtigung der praktischen Verhältnisse — *Mi 9-10 Abends* . . . . . Obst

Begriff und Funktionen des Geldes. — Währungssysteme. — Münzgesetzgebung des Deutschen Reichs. — Papiergeld. — Überblick über die hauptsächlichsten Geschäfte der Banken (Depositen und Scheckverkehr, Diskont- und Lombardgeschäft, Ankauf, Verwaltung und Aufbewahrung von Wertpapieren). — Organisation der Berliner Börse — Emission und Zulassung von Wertpapieren zum Börsenhandel. — Kursfeststellung. — Erläuterung des Kurszettels. — Technik des Kassa- und des Ultimohandels. — Prämiengeschäfte. — Hauptarten der an den Börsen gehandelten Wertpapiere. — Kapitalsanlage und Vermögensverwaltung.

(A) vor Übungen = „Aufnahme vorher bei dem Dozenten nachzusuchen".

Dozent:

(8.) Übungen in der Technik des Geld-, Bank- und Börsenwesens — *Mi 7½ präzise bis 9* . . . Obst

(A) I. Abteilung für Anfänger (14tägig 2 Stunden)

Anleitung zur Anfertigung wissenschaftlicher Arbeiten, Übungen in der Abfassung kurzer Referate, hauptsächlich aus den Gebieten des Depositen- und Scheckverkehrs, des inländischen Notenbankwesens und der Kapitalsanlage. Lektüre des Kurszettels.

(A) II. Abteilung für Vorgeschrittene (14tägig 2 Stunden)

Seminaristische Übungen und Diskussionen, insbesondere über Bankenorganisationen und ausländisches Notenbankwesen. Besprechung einschlägiger Zeit- und Streitfragen. Lektüre des Handelsteiles großer Tageszeitungen.

(9.) Wechselwirtschaftskunde — *Sb 10-11* . . . . Leitner

Kurze Erläuterung der rechtlichen Grundlagen des Wechselverkehrs. Der Wechsel als Zahlungsmittel, insbesondere im internationalen Handel, als Kreditinstrument und als Sicherungsmittel. Der Wechsel als Spekulationsobjekt; Kurswechsel und Wechselkurs, Goldpunkt, Devisenrechnung und -Arbitrage. Der Wechsel als Mittel der Geldbeschaffung; der Diskontmarkt, Wechseldiskont und Diskont-Arbitrage, Finanzwechsel.

Die Organisation des Zahlungsverkehrs, Scheck, Giro-, clearing.

(10.) Die private Kapitalsanlage und Vermögensverwaltung — *Di 6-7*. . . . . Meißner

a) Die private Kapitalsanlage.

Allgemeine Gesichtspunkte. Die verschiedene Form der Kapitalsanlage. Sicherheit und Einträglichkeit. Depositen, Sparkassen, Genossenschaften, Hypotheken, Baugelder. Die Wertpapiere. Die Börse, die Börsengeschäfte, der Kurszettel. Arten der Wertpapiere, Inhaber-Namenspapiere, marktgängige, nicht notierte, festverzinsliche Dividendenpapiere. In- und ausländische Staatsanleihen, Kommunalanleihen. Der in- und ausländische Staatskredit, seine Sicherstellung, Verzinsung, Konversion und Amortisation. Die Lose-Papiere. Eisenbahnanleihen. Hypotheken- und landschaftliche Pfandbriefe. Industrielle Schuldverschreibungen. Dividendenpapiere. Banken- und Eisenbahnwerte, Industrie-Aktien.

b) Die Vermögensverwaltung und Buchführung.

(11.) Handelsjournalistik und wirtschaftliche Berichterstattung — *Mo 6-7* . . . . Norden

Die Kunst der Schriftstellerei (äußere und innere Erfordernisse; die Regeln eines guten Stils; Typographisch-technisches). Das Redigieren (Bearbeitung von Telegrammen und sonstigen Manuskripten mit Übungen). Erstattung von Referaten über Börsen, Generalversammlungen usw. mit Übungen. Berichte kaufmännisch. Korporationen, Marktberichte der Kaufleute (sachliche u. stilistische Erfordernisse). Die Pflichtberichterstattung der Aktien-

Dozent:

gesellschaften. (Ausarbeitung von Geschäftsberichten seitens der Verwaltungen, Wiedergabe in der Presse. Die Bilanzen der Effektenbanken, Notenbanken, Hypothekenbanken, Versicherungsgesellschaften, Eisenbahnen und Industrieunternehmungen im Lichte der Öffentlichkeit.) Ethik und Polemik.

Einzelne Handelszweige.

Getreide. (12.) Getreidebehandlung und Getreideverwertung — *Mo 8-9 Abends* . . . . J.F.Hoffmann

1. Wie lagert und behandelt man Getreide zur Erlangung und Erhaltung eines möglichst hohen Gebrauchs- und Verkaufswertes? Abhängigkeit dieses Wertes vom physiologischen Zustande des Getreides und von seinen äußeren Eigenschaften einschließlich den beigemengten Verunreinigungen. Beispiele, welche an Beobachtungen in der Praxis anknüpfen. Die maßgebende Beteiligung der Luftfeuchtigkeit und des Wassergehaltes im Getreide an dem Zustande des Getreidekornes. Erfahrungen in landwirtschaftlichen und kaufmännischen Kornhäusern, in Brauereien, Mühlen und Proviantämtern. Vorschriften für die Getreidebehandlung Die häufigsten Getreideschädlinge. Vertilgung derselben.

2. Der Handel nach Gehalt, insbesondere nach Trockensubstanz. Allgemeine Bonitierung.

3. Die einzelnen Speichersysteme. — Die maschinelle Einrichtung. — Die Getreidetrocknung. — Das Getreidetransportwesen.

4. Getreideverwertung. — Müllerei. — Bäckerei. — Brauerei usw.

Chemische Industrie und Handel mit Chemikalien. (13.) Entwickelung und Stand der chemischen Großindustrie — *Fr 8-9 Abends* . . . . . . Binz

Chemische Großindustrie im engeren und weiteren Sinne.

Das Metallgewerbe und sein Einfluß auf die chemische Industrie alter und neuer Zeit: Chemische Extraktion goldhaltiger Gesteine Gold- und Silberscheidung. Kupfer, Zinn, Blei, Zink und andere Metalle in der chemischen Industrie. —

Beziehungen zwischen Textilindustrie und chemischer Industrie: Import amerikanischer Baumwolle und die Entwicklung der Baumwollbleiche gegen 1800. Fabrikation von Schwefelsäure, Soda und Chlorkalk als Grundlage der anorganischen Großindustrie. — Die Kontinentalsperre. — Liebig und die Kunstdüngerindustrie. —

Die Entwicklung der organischen Großindustrie: Die Erforschung des Steinkohlenteers. — Hofmann und Kekulé. — Die neueste Zeit: Ersetzung natürlicher Produkte durch künstliche: Alizarin, Indigo, Kampfer. — Das deutsche Patentamt. — Die Anwendung der Elektrizität in der chemischen Industrie.

Buchhandel (14.) Die Technik der Buchherstellung — *Do 9-10 Abends* . . . . Paschke

Das Papier: Die Herstellung des Hand- und Maschinenpapieres — Die Druckpapiere und ihre Eigenschaften — Die Papierprüfung.

(A) vor Übungen = „Aufnahme vorher bei dem Dozenten nachzusuchen"

Dozent:

Der Buchdruck: Das Schriftmaterial und seine Herstellung — Die Technik des Werksatzes — Die zweckmäßige Satzanordnung der Buchseiten und die künstlerischen Anforderungen der neuzeitlichen Buchausstattung — Der Titelsatz — Die Stereotypie und die Setzmaschinen — Die Technik des Druckes — Die Preisberechnung der Satz- und Druckarbeiten.

Die Buchbinderei: Die handwerksmäßige Herstellung des Einzeleinbandes — Die Massenherstellung des Verlegereinbandes.

Bank- und Börsenhandel *vgl. die einzelnen Abschnitte dieser Abteilung, sowie Abt. III.*

Exportgeschäfte *siehe unter „Handelswissenschaftliches Seminar".*

Andere Geschäftszweige. *Ferner finden sich Vorlesungen über Gegenstände einzelner Handels- und Industriezweige in anderen Abteilungen, so über Kolonialhandel und Versicherungsgeschäft in Abt. III, über Eisenbahnen und andere mit dem Speditionsgewerbe zusammenhängende Gegenstände in Abt. III und IV, über Metall- und Elektrizitätsgewerbe, Warenkunde usw. in Abt. VI, über Kunstgewerbe in Abt. IX.*

Über die zu Ende des Winter- und zu Anfang des Sommersemesters in der Aula der Handelshochschule stattfindenden »Gewerblichen Einzelvorträge« von Vertretern der Praxis aus Handel und Industrie wird ein besonderer Prospekt ausgegeben.

Buchhaltung.

(15.) Theorie und Technik der Buchhaltung — *Do 10-12* Leitner

Einleitung. Aufgaben der Buchhaltung. Inventarium und Bilanz, Gründungs- und Schlußbilanz, Vermögensänderungen und ihre Aufzeichnung. Das Konto. Wesen der Verwaltungs- (kameralistischen) und Bestands- (einfachen) Buchführung. Wertveränderungen des Kapitals, Erfolgsbuchführung. Wesen und Technik der doppelten Buchhaltung.

Kontensysteme und Kontentheorien. Kontenschemata für verschiedene Zweige des Handels und der Industrie. Rechtliche und wirtschaftliche Leistungen der Doppik. Gründung, Geschäftsbetrieb und Abschlußtechnik. Alte und neue Formen der Doppelbuchhaltung.

Besondere Fälle: Geheimbuchführung, Abschluß bei Handelsgesellschaften, transitorische Buchungen, Filiale und Zentrale usw.

(16.) Bilanzkritik — *Do 7-8* . . . . Leitner

Grundlagen: Die eigenen Mittel, offenes und stilles Vermögen; Reserven. Die fremden Mittel; die Bewertung und Bewertungsformen der Aktiva und der Schulden; unechte Reserven. Abschreibungen.

Dozent:

Kritik der Form und des Inhaltes der Bilanzen. Gliederung der Bilanz und ihres Inhaltes. Bilanzschema. Absolute und Verhältniszahlen. Bilanzwahrheit, Schiebungen, Verschleierungen, Fälschungen, organische Mängel der Bilanzen. Kritische Besprechung der Vermögens- und Ertragsbilanzen von industriellen Unternehmungen, Banken usw.

(17.) Vorbereitungskursus in der doppelten Buchhaltung (mit Übungen) — *Mo 4-6* . . . . Obst

Allgemeine Grundbegriffe. Bücher der doppelten Buchhaltung. Die Begriffe „Soll" und „Haben". Gesetzliche Bestimmungen. Die Kontensysteme. Deutsche, italienische und amerikanische Buchhaltung. Verbuchung einiger kurzer Geschäftsgänge. Die Theorien der doppelten Buchhaltung.

(18.) (A) Buchhaltungs-Seminar für Vorgerückte — *Do 10-12* . . . . Schär

Besprechungen, Übungen, Repetitorien aus dem gesamten Gebiete der Buchhaltung, insbesondere: Schwierigere Fälle bei Eröffnung der Buchhaltung (Eingangsbilanzen bei Neugründungen, Fusion, Umwandlung). Kritik der verschiedenen Buchhaltungsformem; Einrichtung zweckmäßiger Buchhaltungen für verschiedene Arten und Größen der kaufmännischen Unternehmungen. Kontensysteme und Kontengruppierung. Rechtsfragen aus dem Gebiete der Buchhaltung. Bücherrevision. Fälschungen. Treuhänder. Einzelne schwierige Fälle und Probleme der Buchhaltung. Statistische und kalkulatorische Verwendung der Buchhaltungserbegnisse. Organisation der Buchhaltung mit monatlicher Berechnung von Gewinn und Verlust. Buchhaltung für Zweiggeschäfte. Zwischenbilanzen usw.

Kaufmännische Arithmetik usw.

(19.) Kaufmännische Arithmetik — *Di, Fr 10-11*. . Schär

Geld-, Wechsel- und Effektenrechnung unter besonderer Berücksichtigung der Arbitrage im Wechsel- und Effektenhandel an den wichtigsten europäischen und an der New-Yorker Börse. Paritätstabellen und Diagramme. Wechselkurse, Diskont und Zahlungsbilanz. Durchführung einzelner und zusammenhängender Börsengeschäfte. Meta-Verbindungen.

(20.) Übungen in kaufmännischer Arithmetik (für Anfänger) — *Mo 6-7* . . . . Obst

Anwendung der Rechnungsmethoden auf kaufmännische Verhältnisse. — Kaufmännische Rechenvorteile. — Prozentrechnung. — Zins- und Zinseszinsrechnung. — Diskontrechnung, Terminrechnung. — Kontokorrentrechnen usw.

(21.) Arithmetik und Algebra — *Fr 5-6*. . . . . Ziegel

Potenzen, Wurzeln und Logarithmen. Logarithmisches Rechnen. Gleichungen ersten und zweiten Grades. Proportionen. Arithmetische und geometrische Reihen. Zins-, Zinseszins- und Rentenrechnung Permutationen und Kombinationen. Der binomische Satz.

(A) vor Übungen = „Aufnahme vorher bei dem Dozenten nachzusuchen"

Dozent:

Seminar.

(22.) ([1]) Handelswissenschaftliches Seminar — *Mi 9-11* Schär

Vorträge, Disputationen und Repetitorien aus dem gesamten Gebiete der allgemeinen und praktischen Betriebslehre, sowie des Rechnungswesens und der Organisation kaufmännischer und industrieller Unternehmungen; Monographien usw.; Besprechung einschlägiger Zeit- und Streitfragen und der neueren Literatur. Laufende Erhebungen über einzelne Erscheinungen aus dem Waren- und Kapitalverkehr.

(23.) Repetitorium der handelswissenschaftlichen Disziplinen. (Nur für Studenten im letzten Semester) — *Do 12-1* . . . . Schär

(24.) ([1]) Handelswissenschaftliches Seminar für Vorgerückte — *Fr 9-11* . . . . Leitner

Vorträge und Diskussionen über Themen aus dem Gebiete der Handelswissenschaften.

(25.) Kolloquium über die Organisation und Technik der Exportgeschäfte und das Verhältnis des Exporthandels zur Industrie — *Do 6-7* . . Hecht

III. Volkswirtschaftslehre und verwandte Fächer.

Vgl. auch Abt. IV. — Wirtschaftsgeschichte vgl. auch Abt. V und IX.

(26.) Allgemeine Nationalökonomie — *Mi, Sb 9-11* . Jastrow

Einleitung: Vorläufige Begriffserklärung. Vorläufige historische Übersicht, Hilfsmittel für das Studium.

Produktion: Faktoren der Produktion (Boden, Arbeit, Kapital). — Organisation der Produktion (Zusammenfassung der drei Produktionsfaktoren; insbesondere von Arbeit und Kapital. Unternehmungsformen. Betriebsformen). — Verteilung: Elementartatsachen des Verteilungsprozesses (Tausch, Preis, Geld, Wert, Kredit. — Vermögen, Ertrag, Einkommen). — Die Verteilungszweige (Unternehmergewinn, Bodenrente, Kapitalzins, Arbeitslohn). — Verteilungskämpfe. — Konsumtion: Gegenstände, Grundsätze und Organisation der Konsumtion. — Gleichgewicht — Krisen.

Anhang und Schluß: Geschichte der Theorien. — Systematische Wiederholung der hauptsächlichsten Begriffserklärungen. — Ausblick auf verwandte Gebiete. — Winke für das weitere Studium.

(27.) Spezielle Nationalökonomie — *Mi, Do 12-2* . . Sombart

1. Handel und Verkehr. 2. Gewerbe: a) die Entwickelungstendenzen des gewerblichen Kapitalismus; b) Kapitalismus und Handwerk. 3. Landwirtschaft; a) ihre Sonderstellung in der Verkehrswirtschaft; b) die Tendenzen der agrarischen Entwickelung. 4. Die Entwickelung der internationalen Wirtschaftsbeziehungen. 5. Die Arbeiterfrage.

(28.) Aus der Geschichte der menschlichen Wirtschaft — *Di 8-9 Abends* . . . . Sombart

Sinn und Bedeutung wirtschaftsgeschichtlicher Vorlesungen. — Die Anfänge der menschlichen Wirtschaft. — Die Wirt-

Dozent:

schaft der europäischen Völker während des Mittelalters: Dorfwirtschaft; Fronhofwirtschaft; Stadtwirtschaft. — Die Anfänge des modernen Kapitalismus.

(29.) Finanzwissenschaft — *Mo 12-1* und *Sb 11-1* . Preuß

Die Entwickelung der Finanzwissenschaft und der Finanzsysteme. — Die Wirtschaft der politischen Gemeinwesen. — Das Budget. — Einnahme und Ausgabe. — Das Einnahmesystem. — Ordentliche und außerordentliche Einnahmen — Verwaltungs- und Finanzvermögen. — Öffentliche Betriebe. — Monopole. — Gebühren. — Steuern. — Prinzipien der Besteuerung. — Einteilung und Arten der Steuern. — Das System der Reichssteuern. — Die preußischen Staatssteuern. — Die Kommunalsteuern in Preußen. — Vergleichender Überblick. — Die öffentlichen Anleihen und Schulden. — Das Ausgabensystem. — Ordentliche und außerordentliche Ausgaben. — Die Finanzkontrollen und das Finanzrecht.

(30.) Handelspolitik — *Do 8-9 Abends* . . . . . Jastrow

Handelspolitik im weiteren Sinne — im engeren Sinne: auswärtige Handelspolitik (Zollpolitik). — Geschichte der praktischen Handelspolitik und der handelspolitischen Theorien in England, Frankreich, Deutschland usw. — Die Lehre von der sogenannten Handelsbilanz. — Die Prinzipienfrage: Schutzzoll und Freihandel. — Die hauptsächlichsten Fragen der heutigen Handelspolitik: Autonome Zollgesetzgebung und Handelsverträge; Tarifverträge und Meistbegünstigung; Freihäfen, Veredelungsverkehr usw.; Exportprämien. — Uebersicht über die handelspolitischen Beziehungen Deutschlands zu den hauptsächlichsten Ländern Europas und Amerikas.

(31.) Ausgewählte Kapitel aus der Sozialstatistik — *Fr 7-8* . . . . Rahts

1. Bevölkerungslehre. — Die Bevölkerung der Erde. — Aufgaben und Methoden der Volkszählungen. — Die menschliche Lebensdauer. — Vermehrung der Bevölkerung — Sterblichkeit. - Einfluß des Wohlstandes und des Berufes auf die Sterblichkeit. 2. Wirtschaftsstatistik — Nationalvermögen und Nationaleinkommen. — Agrarstatistik. — Handelsstatistik. — Lohnstatistik. 3. Moralstatistik.

(32.) Der Geldmarkt und seine Organisation in Deutschland, England, Frankreich und Nord-Amerika — *Mo 8-9 Abends* . . . . Bendix

Begriff und Wesen des Geldmarktes. — Bedeutung für die Volks- und Weltwirtschaft. — Historische Entwickelung der wichtigsten Geldmärkte. — Die großen europäischen Zentral-Notenbanken und ihre Stellung zu den heimischen Geldmärkten. — Das amerikanische Geld- und Kreditwesen, sein Einfluß auf den internationalen Geldmarkt. — Schwankungen der Zinssätze, ihre Ursachen und Wirkungen. — Solidarität der Geldmärkte.

(33.) Geld und Kredit — *Do 9-10 Vorm.* . . . . . Bendix

Geldtheorien, Münz- und Währungssysteme, Währungsfragen. — Begriff und Wesen des Kredits. — Kreditformen, Kreditorganisation.

(A) vor Übungen = „Aufnahme vorher bei dem Dozenten nachzusuchen".

Dozent:

(34.) (A) Übungen — *Do 8-10 Abends* (14tägig) . . Bendix

I. Abteilung für Anfänger.

Kolloquium über die Grundlagen des Geld- und Kreditverkehrs.

II. Abteilung für Vorgeschrittene.

Übungen in der Abfassung schriftlicher Referate, insbesondere über Geld-, Kredit-, Bank- und Börsenfragen.

(35.) Wirtschaftliche Interessen — *Mo 11-12* . . . Kriele

I. Die privatwirtschaftliche, die volkswirtschaftliche und die rechtliche Seite der Erwerbsunternehmung. — Privatwirtschaftliche und volkswirtscnaftliche Interessen der Unternehmung (Einzelunternehmung, Gesellschaftsunternehmung; Großbetrieb, Kleinbetrieb; Arbeitgeber und Arbeitnehmer) und der Erwerbsgruppen (Landwirtschaft, Handwerk, Industrie, Handel, Verkehrswesen). — Wirtschaftspolitik als Grundlage der Kulturpolitik: Erwerbspolitik (Privatwirtschaftspolitik und Volkswirtschaftspolitik) und Sozialpolitik. Öffentlich-rechtliche Körperschaften (Staat, Kommune usw.) als Träger der Wirtschaftspolitik. Geltendmachung (Vertretung) von Interessen im wirtschaftspolitischen Kampfe. Organisation der Interessenvertretung.

II. Gesetzlich anerkannte Vertretungen und freie Vereine in Deutschland. a) Landwirtschaft (Landwirtschaftskammern, Deutsche Landwirtschaftsgesellschaft, Bund der Landwirte usw.) und Handwerk (Handwerkskammern, freie Vereine). b) Handelskammern und kaufmännische Korporationen, Detaillistenkammern. c) Freie Vereinigungen von Kaufleuten und von Industriellen (allgemeine Vereine, Branchenvereine; Deutscher Handelstag, Zentralverband Deutscher Industrieller usw. d) Interessenvertretungen von kaufmännischen und technischen Angestellten und von Arbeitern.

III. Deutsche Interessenvertretungen im Auslande; Handelssachverständige bei Konsulaten.

(36.) (A) Übungen aus den Arbeitsgebieten der Interessenvertretungen von Handel und Industrie — *Mi 6-8* . . . . Kriele

Einleitende Vorlesung über: Die geistige Arbeit mit sprachlichem Ausdruck. — Seminaristische Übungen zur gutachtlichen und verwaltenden Tätigkeit der Interessenvertretungen. Feststellung der verschiedenen Interessen und ihrer relativen Bedeutung bei Gesetzen und deren Ausführungsmaßnahmen; Darstellung und Geltendmachung von gefährdeten Interessen.

(37.) Wohlfahrtspflege — *Mo 7-8* . . . . v. Erdberg

Kurze theoretische Grundlegung. — Einführung in das gesamte Gebiet der Wohlfahrtspflege ausschließlich der öffentlichen Gesundheitspflege. Besondere Berücksichtigung sollen die Fürsorge für die Jugendlichen, die Wohnungsfrage, das Volksbildungswesen und die Fabrikwohlfahrtspflege erfahren.

Der Auditorienzettel erscheint vor Beginn des Semesters.

Dozent:

(38.) (A) Volkswirtschaftliche Übungen . . . . . . Jastrow

a) Übungen im Volkswirtschaftlichen Seminar, im Anschluß an die Vorlesung, Abteilung I — *Fr 3-5* (Beginn *3^30* präzise), 14tägig.

b) Übungen im Volkswirtschaftlichen Seminar, im Anschluß an die Vorlesung, Abteilung II — *Fr 3-5* (Beginn *3^30* präzise), 14tägig.

c) Kolloquium über wirtschaftliche Tagesfragen, in noch zu bestimmenden Stunden.

Neuanmeldungen finden nur zu a) statt.

(39.) (A) Übungen im Volkswirtschaftlichen Seminar — *Mi 4-6* . . . . Sombart

Kolonialwesen.

(Handelsbetriebslehre für Kolonialbeamte s. Abt. II. — Ortsbestimmung in Kolonien s. Abt. V.)

(40.) Entstehung und Verfassung der modernen Kolonialreiche — *Fr 10-11* . . . . Köbner

Die Entstehung der fremden Kolonialreiche der Gegenwart. Rückblick auf die Kolonisation im Altertum und Mittelalter. Das Zeitalter der Entdeckungen. Die Kolonialpolitik der Hauptnationen bis zum Wiener Frieden (1815). Die Kolonialpolitik im 20. Jahrhundert: England, Frankreich, Niederlande, Belgien, Spanien, Portugal, Italien, Vereinigte Staaten von Amerika, Rußland, Japan.

Die Entstehung des deutschen Kolonialreiches. Vorläufer. Die kolonialen Erwerbungen der ersten Periode: Deutsch-Südwestafrika. Kamerun. Togo. Deutsch-Ostafrika. Deutsch-Neuguinea. Marschall-, Brown- und Providence-Inseln. Die kolonialen Erwerbungen der zweiten Periode: Kiautschougebiet. Karolinen, Palau und Marianen. Samoainseln.

Die Verfassung der modernen Kolonien. Die Grundlagen der deutschen Kolonialverfassung. Die Ausbildung des deutschen kolonialen Staatsrechts im einzelnen. Das Verhältnis der mutterländischen Staatsgewalt zur Selbstverwaltung der Kolonien. Vergleiche mit der englischen, holländischen und französischen Kolonialverfassung. Der moderne Imperialismus und seine Probleme.

(41.) Völkerkunde der deutschen Schutzgebiete (mit Lichtbildern) — *Mo 8-9 Abends* . . . . . v. Luschan

Allgemeine Eigenschaften der „Naturvölker"; es gibt keine „Wilden". Praktischer Wert der Völkerkunde.

Buschmänner, Hottentotten, Herero, Ovambo. Swahili, Bedeutung des Islâm in den afrikanischen Schutzgebieten. Bantu, Hamiten, westliche Sudân-Völker.

(A) vor Übungen = „Aufnahme vorher bei dem Dozenten nachzusuchen".

Dozent:

Allgemeines über die Ozeanier. Polynesier, Melanesier, Papua, Mikronesier. Samoa, Mythologie, Kosmogonie. Neuguinea, Bismarck-Archipel, Salomo-Inseln. Karolinen, Marianen, Marschall-Inseln und Nauru.

(42.) Kolonialwirtschaftliche Übungen — *Mi 8-9 Abends* . . . . Rohrbach

Aufstellung und kritische Behandlung von Wirtschaftsplänen für koloniale Betriebe: Viehwirtschaft in Südwestafrika und Ostafrika, Plantagenbetriebe (Groß-, Mittel- und Kleinkultur) in Ostafrika, Kamerun und der Südsee; Besprechung der Bilanzen und Jahresberichte verschiedener Kolonialgesellschaften; die Organisation der Diamantengewinnung und -Verwertung für Südwestafrika; Aufstellung und Behandlung kolonialer Etats an der Hand der amtlichen Voranschläge für das laufende Wirtschaftsjahr.

Versicherungslehre.

(43.) Allgemeine Versicherungslehre — *Mo 12-2* . . Manes

Die wirtschaftlichen, rechtlichen und technischen Grundlagen des gesamten Versicherungswesens mit besonderer Berücksichtigung der Privatversicherung. Begriff und Wesen, Voraussetzungen und Grenzen, Entwickelung, Bedeutung und Statistik der Versicherung. Ihre Organisationsformen und Betriebsmethoden. Die Probleme der Versicherungspolitik: Staatsaufsicht, Besteuerung, Vertragsrecht. Die Versicherungsliteratur.

(44.) Besondere Versicherungslehre — *Mi 7-9* . . . v. Liebig

Transport-, Feuer-, Lebens-, Unfall- und Haftpflichtversicherung usw. — Geschichtliche Entwickelung und gegenwärtiger Stand jedes einzelnen Versicherungszweiges. — Zweck und Gegenstand. — Die einzelnen Versicherungsarten. — Technik. — Verbände. — Statistik.

(45). Versicherungs-Verwaltungsrecht — *Mo 7-8* . . Hager

Die Stellungnahme des Staates gegenüber dem Versicherungswesen. — Der Begriff der privaten Versicherungsunternehmung. — Die Zulassung zum Geschäftsbetriebe, der Geschäftsplan, die laufende Aufsicht, die Untersagung des Geschäftsbetriebs. — Die Aufsichtsbehörden. — Besonderheiten der Lebensversicherung (Bedeutung der Prämienreserve, der Prämienreservefonds, des Prämienreserve-Registers). — Die Behandlung ausländischer Versicherungsanstalten.

(46.) Soziales Versicherungswesen, unter Berücksichtigung der Pensions-Versicherung der Privatangestellten — *Mo 8-9 Abends* . . . Manes

Die soziale Versicherung des Deutschen Reiches: Kranken-, Unfall-, Invaliden- und Altersversicherung. Ihre Entwickelung, Bedeutung, Organisation und Technik. Reform und Weiterbildung der Sozialversicherung: Witwen- und Waisen-, Arbeitslosen-, Privatbeamtenversicherung usw. Das Wichtigste aus der Sozialversicherung des Auslands.

Der Auditorienzettel erscheint vor Beginn des Semesters.

Dozent:

(47.) Versicherungsrechnung (mit Übungen) — *Mo 4-6* v. Bortkiewicz

Der Zins und die Sterblichkeitstafel als die beiden Rechnungsgrundlagen der Lebensversicherung. — Die Prämien und Prämienreserven bei der Leibrentenversicherung, der Kapitalversicherung auf Erlebens- und auf Todesfall usw. — Die Bilanz und das Gewinn- und Verlustkonto einer Lebensversicherungsanstalt.

(48.) Versicherungspraktikum — *Mo 9-10 Abends* . Manes

Besprechung praktisch wichtiger Fragen aus allen Zweigen der Privat- und der Sozialversicherung.

(49) Versicherungspraktikum mit besonderer Berücksichtigung der privaten Feuerversicherung — *Do 7-9* (14tägig, beginnend am 27. Oktober) v. Liebig

Besprechung der allgemeinen Versicherungsbedingungen. — Aufnahme von Versicherungsanträgen. — Beurteilung der Risiken. — Schadenregulierung. — Besprechung von Bilanzen.

Genossenschaftslehre.

(50). Die deutsche Genossenschaftsgesetzgebung — *Fr 5-6* . . . . Crüger

(51.) ([A]) Übungen im Genossenschaftswesen — *Di 4-6* (14tägig, beginnend am 25. Oktober) . . . Crüger

Verkehrspraktikum.

Vorträge mit ziffermäßigen Erläuterungen und praktischen Übungen.

(52.) Eisenbahn-Verkehrs- und Tarifwesen — *Mi 9-10 Abends* . . . . J. Hoffmann

Geschichtlicher Rückblick auf die Entstehung der deutschen Eisenbahnen. (Privatbahnen, Staatsbahnen, Reichsbahnen) Die Betriebsmittel der Eisenbahnen (Staatsbahn-Wagenverband pp.). Organisation der deutschen Eisenbahnverwaltungen. — Das deutsche Eisenbahn-Gütertarifsystem, seine Entstehung und Fortbildung bis in die neueste Zeit (formelle Einheit). — Ständige Tarifkommission, Ausschuß der Verkehrsinteressenten. — Ziffermäßige Gestaltung der Gütertarife, regelrechte Kilometertarife, Stationstarife, Schnittarife, Staffeltarife (materielle Einheit). — Ausnahmetarife, Differentialtarife. — Landeseisenbahnrat, Bezirkseisenbahnräte. — Die wichtigeren Bestimmungen der Eisenbahnverkehrsordnung über die Beförderung von Gütern. — Eisenbahngeographie. Der deutsche Eisenbahngütertarif (Teil I). — Die deutschen allgemeinen Tarifvorschriften nebst Güterklassifikation. — Die deutschen Binnen- und Verbandstarife und ihre praktische Anwendung. — Frachtberechnung, Nebengebühren, Frachtzuschläge. — Frachturkundenstempel — Internationales Übereinkommen über den Eisenbahnfrachtverkehr. — Direkte bezw. Verbandsgütertarife für den Verkehr zwischen deutschen und ausländischen Stationen. — Kombinierte Eisenbahn-Schiffstarife usw.

(A) vor Übungen = „Aufnahme vorher bei dem Dozenten nachzusuchen".

Dozent:

IV. Rechtswissenschaft.

(Versicherungsrecht, Kolonialrecht, Genossenschaftsgesetzgebung s. Abt. III.)

(53.) Bürgerliches Recht — *Di, Do, Fr 9-10 Vorm.* . Eltzbacher

Allgemeine Lehren. — Grundeigentum, Hypothek, Grundschuld. — Eigentum an beweglichen Sachen, Pfandrecht. — Kauf, Miete, Dienstverhältnis, Gesellschaft und sonstige Rechtsverhältnisse des Geschäftsverkehrs. — Schadenersatzpflicht wegen unerlaubter Handlungen, Haftpflicht. — Ehe, insbesondere eheliches Güterrecht — Elterliche Gewalt und Vormundschaft. — Gesetzliche Erbfolge und Testament, Rechtsstellung und Auseinandersetzung der Erben.

(54.) Handelsrecht — *Di 5-7, Fr 6-7* . . . . . . Heilfron

1. Handelsstand: Voll- und Minderkaufleute. — Register- und Firmenwesen. — Das Personal des Kaufmanns (Rechtsstellung der Prokuristen, Reisenden, Handlungsbevollmächtigten, -gehilfen, -lehrlinge). — Handlungsagenten und Handelsmäkler.

2. Handelsgesellschaften: Offene Handelsgesellschaft. — Kommanditgesellschaft. — Aktiengesellschaft. — Kommanditgesellschaft auf Aktien — Stille Gesellschaft. — Gesellschaft mit beschränkter Haftung.

3. Handelsgeschäfte: Kauf-, Kommissions-, Speditions-, Lager-, Frachtgeschäft.

4. Schiffahrtsrecht: Grundzüge des See- und Binnenschiffahrtsrechts.

5. Praktische Anleitung: Zum Entwerfen von Registeranmeldungen, Anstellungs-, Gesellschafts-, Lieferungsverträgen usw.

(55.) Staats- (Verfassungs-) Recht — *Mo 10-12* . . Preuß

Staat und Recht. — Rechts- und Verfassungsstaat. — Das Reich und die Einzelstaaten. — Die Organisation des Reichs (Kaiser, Bundesrat, Reichstag — Reichskanzler und oberste Reichsämter). — Die Reichskompetenz und Reichsgesetzgebung. — Die Organisation des preußischen Staates (Krone, Landtag, Ministerium). — Die preußische Landesgesetzgebung.

(56.) Zivilprozeß u. Zwangsvollstreckung (mit Übungen) — *Di, Do 10-11* . . . . Eltzbacher

Grundsätze des gerichtlichen Verfahrens. — Amts- und Landgerichte, Gewerbe- und Kaufmannsgerichte, höhere Gerichte — Zuständigkeit der Gerichte. — Der Kaufmann als Partei vor den niederen Gerichten. — Der Kaufmann als Richter im Gewerbe- und Kaufmannsgericht. — Klage und Zahlungsbefehl. — Beweislast und Beweismittel. — Gerichtliche Entscheidungen und deren Anfechtung. — Zwangsvollstreckung in das bewegliche und unbewegliche Vermögen. — Gerichtskosten.

Anleitung zum Entwerfen von Klageschriften und sonstigen Anträgen sowie von Instruktionen für den Rechtsanwalt.

(57.) Konkursrecht — *Di 7-8* . . . . Heilfron

1. Konkursrecht: Konkursmasse. — Konkursgläubiger. Gemeinschuldner. — Abwickelung schwebender Geschäfte. — Anfechtung. — Aussonderung. — Absonderung.

Dozent:

2. Konkursverfahren: Eröffnung. — Teilungs- und Schuldenmasse. — Verteilung. — Zwangsvergleich. — Betrüglicher und einfacher Bankerott.

3. Anfechtung von Rechtshandlungen des Schuldners außerhalb des Konkursverfahrens.

4. Praktische Anleitung: Zur Stellung von Eröffnungsanträgen, Forderungsanmeldungen, Zwangsvergleichsvorschlägen usw.

(58.) Bank- und Börsenrecht — *Fr 7-8* . . . . . Heilfron

a) Münzrecht.

1. Das Münzgesetz vom 1. Juni 1909. — Münzgesetze für die Schutzgebiete. — Papiergeldgesetzgebung.
2. Scheckrecht. — Postscheckrecht. — Überweisung und Abrechnung.

b) Bankrecht.

1. Allgemeines.
   α) Rechtsgrundlagen des Effektenverkehrs unter Zugrundelegung des Berliner Kurszettels: Anleihewesen, Landschaftliche und Hypothekenpfandbriefe, Aktien und Obligationen, Kuxe, Kolonialanteile.
   β) Rechtsgrundlagen der einzelnen Bankgeschäfte: Kontokurrent-, Diskont-, Lombard-, Depot-, Depositen-, Inkasso-, Effektenkommissions-, Gründungs-, Emissionsgeschäfte.
2. Die Notenbanken.
   α) Die rechtliche Stellung der Reichsbank. Bankgesetz, Reichsbankstatut, Geschäftsbedingungen.
   β) Die rechtliche Stellung der Privatnotenbanken.

c) Börsenrecht.

1. Allgemeines: Begriff und Arten der Börse. — Entwickelung der Börsengesetzgebung und der Börsenbesteuerung.
2. Das Börsengesetz vom 27. Mai 1908:
   α) Allgemeine Bestimmungen (Staatsaufsicht, Börsenordnung, Börsendisziplin).
   β) Feststellung des Börsenpreises und Maklerwesen.
   γ) Zulassung von Wertpapieren zum Börsenhandel.
   δ) Rechtliche Behandlung der Kassa- und der Termingeschäfte, der Prämien- und der Prolongationsgeschäfte.
   ε) Börsenstrafrecht.
3. Reichsstempelgesetz und Wechselstempelgesetz.

(59.) Wechselrecht — *Di 7-8* . . . . Meyer

Geschichte des Wechsels. — Wechseltheorien. — Deutsche Wechselordnung. — Ausländische Wechselrechte, ihre Grundzüge und wesentlichen Abweichungen vom deutschen Recht. — Internationales Wechselrecht. — Weltwechselrecht. — Wirtschaftliche Bedeutung des Wechsels.

(60.) Gewerblicher Rechtsschutz — *Fr 6-7* . . . . Osterrieth

Historische Einleitung, Patentrecht, Gebrauchsmusterrecht. Geschmacksmusterrecht, Warenzeichenrecht, Bekämpfung des unlauteren Wettbewerbs; Internationales Recht.

Dozent:

(61.) Eisenbahnrecht — *Do 7-8* . . . . Eger

Historische Entwickelung des Eisenbahnrechts. — Allgemeine Grundzüge. — Internes und internationales Eisenbahnfrachtrecht. — Vorbereitung, Ausführung und Beendigung des Eisenbahntransports nach dem Handelsgesetzbuch und der Eisenbahnverkehrsordnung, sowie dem internationalen Übereinkommen über den Eisenbahnfrachtverkehr.

(62.) Russisches Staatsrecht — *Mo 7-8* . . . . . Palme

Geschichtliche Einleitung. — I. Die oberste Staatsregierung: a) der Kaiser; das Subjekt der kaiserlichen Gewalt, Umfang der kaiserlichen Gewalt; b) das Parlament; Zusammensetzung und Kompetenz des Staatsrates und der Staatsduma. II. Die Zentralverwaltung: a) den Kaiser beratende Körperschaften: der Ministerrat, die militärischen Beiräte, das Finanzkomitee, das Sekretariat des Kaisers; b) die Minister; c) der Statthalter des Kaisers; d) der dirigierende Senat. III. Die Lokalverwaltung: Generalgouverneure, Gouverneure, Gouvernementsbehörden; Semstwo und Städte; Bauernverwaltung, Organisation des Adels.

(63.) ([1]) Konversatorium über Bürgerkunde (für Lehrer) — *Sb 1-2* . . . . Preuß

(64.) Die Jurisprudenz des täglichen Lebens — *Fr 8-9 Abends* . . . . Eltzbacher

Privatleben. — Geschäftsleben. — Familienleben.

(65.) Juristische Übungen für Anfänger — *wahlweise Mi 9-11 (Übungen A) oder Mi 4-6 (Übungen B)* Eltzbacher

Besprechung einfacher Rechtsfälle aus dem Geschäftsleben. — Entwerfen von Geschäftsbriefen in Rechtsangelegenheiten.

Am Mittwoch Vormittag und Nachmittag wird derselbe Stoff behandelt. Die doppelte Abhaltung der Übungen dient nur der Verminderung der Teilnehmerzahl.

V. Wirtschaftsgeographie und Wirtschaftsgeschichte.

(Kolonien: s. Abt. III. — Zur Wirtschaftsgeschichte überhaupt vgl. Abt. III u. IX.)

(66.) Allgemeine Wirtschaftsgeographie — *Di 11-1, Fr 11-12* . . . . Dunker

Die Elemente der physischen Erdkunde als Grundlagen der menschlichen Wirtschaft.

Die für den Welthandel wichtigsten Rohstoffe: Die Stätten ihrer Erzeugung und Verarbeitung; Wandlungen und Wanderungen der Produktion; die großen Verkehrslinien; Zusammenhänge mit Besiedelung, Auswanderung und Kolonialpolitik.

(67.) Die Vereinigten Staaten von Nordamerika — *Fr 12-1* . . . . Dunker

Lage, Bodengestalt, Klima, Küsten, Flüsse. — Entdeckung und frühe Besiedelung. — England und Frankreich im Kampfe um Nord-Amerika. — Abfall der englischen Kolonien. —

Dozent:

Territorialentwickelung der Vereinigten Staaten, Monroedoktrin. — Besiedelung des Westens, Negerfrage, Zollpolitik, politische Parteien, Bürgerkrieg, Rekonstruktion.

Landwirtschaft, Bergbau, Industrie und Verkehr. — Bildung der neuen Nation, Einwanderungsprobleme, Bildungswesen, Panamerikanismus.

(68.) China — *Mo 9-10 Vorm.* . . . . Wegener

Die Entwckelung unserer Kenntnis von China. — Die Geographie Chinas: Bodengestalt, Klima, Hydrographie, Pflanzen- und Tierwelt, Bevölkerung. — Überblick über die Geschichte Chinas mit besonderer Berücksichtigung der Beziehungen zum Abendlande. — Die moderne Umwandelung Chinas. — Chinas weltwirtschaftliche Bedeutung: Bodenschätze, Arbeitskräfte, Organisationen, Handel und Verkehr, Auswanderung

(69.) Geschichte der Polarforschung — *Mo 10-11.* . . Wegener

A. Die arktischen Gebiete.

Älteste Nordfahrten. — Der kommerzielle Ursprung der arktischen Reisen. — Das Problem der nordwestlichen Durchfahrt. — Pelzhandel,' Walfang und Polarforschung. — Das Problem der nordöstlichen Durchfahrt. — Die Aufhellung Grönlands — Der Kampf um den Nordpol. — Fridtjof Nansen und seine Bedeutung. — Cook und Peary. — Übersicht über die bisherigen Ergebnisse und weitere Aufgaben der arktischen Forschung.

B. Die antarktischen Gebiete.

Entwickelung der Anschauung von der Südhalbkugel. — Die Suche nach der terra australis incognita. — James Cook's Südpolarreisen. — Wal- und Robbensucher im südlichen Eismeer. — Die klassische Epoche: Wilkes, d'Urville. Roß. — Wiederaufnahme der antarktischen Forschung und Anteil der Deutschen daran. — Die großen Unternehmungen vom Anfang dieses Jahrhunderts: Bruce, Nordenskiöld, v. Drygalski, Scott. — Der Südkontinent und der Kampf um den Südpol: Shackleton. — Bisherige Ergebnisse und gegenwärtige Pläne.

(70.) Osteuropa und Westasien, verkehrs- und wirtschaftspolitisch, mit besonderer Berücksichtigung der Türkei — *Mi 7-8* . . . . Rohrbach

Die osteuropäische Tiefebene. Rußlands Strom-, Kanal- und Eisenbahnsystem. Rußland als weltwirtschaftliches Produktionsgebiet. Die Verkehrswege von Deutschland nach dem Orient. Das Donaubecken. Bodenbildung, Klima und Wirtschaft der Balkanländer. Die physikalische und wirtschaftliche Struktur Vorderasiens. Die Bagdadbahn und die Mekkabahn. Die wirtschaftspolitischen Pläne Englands in Mesopotamien.

(71.) Instrumentenkunde und die Lehre vom Messen, besonders für Ortsbestimmung und Vermessung auf Reisen und in den Kolonien, mit Exkursionen in mechanische Werkstätten — *Mo 7-8* . . Marcuse

Prinzipien und geschichtliche Entwickelung der Meßinstrumente und Meßkunst. — Hilfsapparate: Fernrohr, Meßkreis, Libelle, Bussole und Horizont. — Zeitmessende Instrumente: Chrono-

(A) vor Übungen = „Aufnahme vorher bei dem Dozenten nachzusuchen".

Dozent:

meter und Pendeluhr. — Winkelmessende Instrumente und Vermessungsapparate: Sextanten, Libellenquadranten, Theodolite und Universale; Meßtisch, Distanzmesser, Basisapparate und Nivellierinstrumente. — Bedeutung der Photographie für Ortsbestimmungen und Vermessungen.

(72.) ([A]) Übungen für geographische Ortsbestimmung und Vermessung auf der astronomischen Station der Handelshochschule, im Anschluß an die Vorlesung über Instrumentenkunde — *Mo 8-9 Abends* . . . . Marcuse

Handhabung der zeit- und winkelmessenden Instrumente. — Orts- und Zeitbestimmungen. — Vermessungen.

(73) Luftschiffahrt: Wissenschaftliche und technische Grundlagen derselben in allgemeiner Darstellung (mit Lichtbildern) — *Fr 9-10 Abends* . . . Marcuse

Geschichte der Luftschiffahrt. — Definition des Fliegens, des Auftriebs und Vortriebs in der Luft - Maßgebende Industriezweige für die Aeronautik. — Wissenschaftliche Grundlagen der Luftschiffahrt: Physik der Atmosphäre, Luftgewicht, Freier Fall, Auftrieb und Bremswirkung der Luft, Winde und Strömungen; Theorie des Ballonfahrens. — Technische Grundlagen der Luftschiffahrt: Aerostatischer Flug mittels Ballons, Freiballons und Lenkballons; Ballonstoffe, Gondeln, Motoren, Luftschrauben, starres, halbstarres und unstarres System von Motorluftschiffen. — Aerodynamischer Flug mit Flugapparaten: Gleit-, Drachen-, Schrauben- und Schwingen-Flieger. — Nutzanwendung der Luftfahrzeuge: Wissenschaftliche Luftschiffahrt, militärische Luftschiffahrt, sportliche Luftschiffahrt, verkehrstechnische Zukunft der Luftschiffahrt.

(74.) Allgemeine Handelsgeschichte unter Berücksichtigung der welthistorischen Beziehungen — *Fr 9-10 Abends* . . . . Hoeniger

Der Handel der alten Welt. — Einheitliche Verkehrsgestaltung im Römischen Reich. — Zusammenbruch der antiken Kultur. — Einfluß der christlichen Kirche auf die mittelalterliche Organisation des Handels. — Politisches und merkantiles Vordringen des Islam. — Handelsgeschichtliche Stellung der Juden im Mittelalter. — Neue Anfänge des Städtewesens und des Bürgertums. — Kreuzzüge. — Umgestaltung der Welthandelsbeziehungen seit dem Zeitalter der Entdeckungen. — Nationale Staatsbildung und Anfänge großkapitalistischer Entwickelung. — Überseekolonisation und Handelskriege. — Schutzzoll und Freihandel. — Technische Fortschritte und Verkehrsumwälzungen der neuesten Zeit. — Welthandelsmächte und Weltpolitik.

(75) Das Deutschtum im Ausland — *Fr 8-9 Abends* Hoeniger

Geschichtliche Gestaltung des geschlossenen deutschen Siedelungsgebiets in Mitteleuropa. — Politische Zerklüftung des deutschen Volkes. — Das Deutschtum außerhalb des neuen Deutschen Reiches: in Österreich-Ungarn, in der

Schweiz, in den Niederlanden, im übrigen Europa. — Moderne Auswanderung. — Das Deutschtum in der Übersee. — Wirtschaftliche und kulturelle Bedeutung des Auslanddeutschtums.

VI. Reine und angewandte Naturwissenschaften, Warenkunde, Technologie.

(76) Maschinenlehre — *Di 12-1, Fr 11-1* . . . . Martens

Grundgesetze der Mechanik und Wärmelehre. Fertigkeitslehre und Maschinenelemente.

Antriebsmaschinen.

a) Wärmekraftmaschinen: 1 Bezeichnungen für Arbeit, Leistung, Wärmemenge; 2. Einzelteile der Kolbenmaschinen (Zylinder, Kolben, Pleuelstange, Kurbelwelle usw.); 3. Explosionsmotore (für Leuchtgas, Sauggas, Gichtgas; Benzin, Spiritus); 4. Verbrennungsmotore (für Rohpetroleum); 5 Kolbendampfmaschinen und ihre Geschichte, 6. Dampfturbinen; 7. Dampfkessel für 5. und 6.; 8. Vergleich der verschiedenen Brennmaterialien und Motorarten in Bezug auf wirtschaftliche Verhältnisse und gesetzliche Vorschriften.

b) Windmotore.

c) Wassermotore: (Wasserräder, Turbinen; Stauanlagen, Talsperren usw.). Anwendung von Elektromotoren (innere Einrichtung wird im Sommersemester in der Vorlesung über Elektrizitätslehre besprochen).

Arbeitsmaschinen.

1. Wasserförderung (Pumpen, Wasserversorgung usw.); 2. Gas- insbesondere Luftförderung (Pumpen, Kompressoren, Bomben, Prinzip von Gasbrennern usw.); 3. Kälteindustrie (flüssige Luft, Sauerstoff, künstliches Eis, Kühlhallen).

Lagerungs-, Hebe- und Transportanlagen.

1. Hebezeuge (Flaschenzüge, Krane, Aufzüge); 2. Kontinuierliche Förderung von körnigen Massen (Getreide, Sand usw.); 3. Kleinbahnbetrieb (in Fabriken, Bergwerken auf kurze Entfernungen); 4. Eisenbahnbetrieb auf größere Entfernungen, insbesondere Lokomotiven. 5. Wassertransport.

(77) Experimentelle Elektrizitätslehre — *Di 9-10 Abends* . . . . Martens

1. Elektrostatik (Reibungs- und Influenzelektrizität). 2. Galvanismus (Elemente, Ohm'sches Gesetz). 3. Elektrolyse (Metallausfällung, Akkumulatoren). 4 Magnetismus (Permanente Stahlmagnete, Erdmagnetismus). 5. Beziehungen zwischen elektrischem Strom und Magnetismus (Magnetisches Feld eines Stromes, Induktion eines Stromes). 6. Ferromagnetische Substanzen, insbesondere Eisen. 7. Dynamomaschinen für Gleichstrom, Wechselstrom, Drehstrom (Motoren und Generatoren). 8. Transformatoren und Kraftübertragung. 9. Elektrische Apparate (Klingel, Telegraph, Telephon, Uhr, Galvanometer-Zähler). 10 Beziehungen zwischen Elektrizität und Wärme (Joule'sche Wärme und elektrische Beleuchtung, Temperaturkoeffizient, Thermoelektrizität). 11. Durchgang der Elektrizität durch Gase (Röntgenstrahlen, Radium). 12. Elektrische Schwingungskreise. 13. Freie elektrische Wellen (Elektrizität und Licht, drahtlose Telegraphie).

Dozent:

(78.) Technische Ausflüge — *Mi 2-5* . . . . . . Martens

In Aussicht genommen ist die Besichtigung folgender Anstalten:

1. Der technischen Anlagen von Handelshochschule und Börse; 2. einer Sauggasanlage und kleinen elektrischen Zentrale; 3 einer Automobilfabrik; 4. einer Diesel-Motoranlage; 5. einer Dampfturbinenfabrik; 6. einer elektrischen Haupt-; 7. einer Nebenzentrale; 8. eines städtischen Wasserwerkes; 9. einer Markt- und Kühlhallenanlage; 10. des Kgl. Verkehrsmuseums; 11. einer Lokomotivfabrik.

(79.) Kleines physikalisch-technisches Praktikum — *Do oder Sb 3-6* . . . . Martens

(80.) Mittleres physikalisches Praktikum — *Do, Sb 3-6* Martens

Mit den praktischen Übungen im physikalischen Institute werden folgende Zwecke verfolgt: 1. Einprägung und besseres Verständnis der wichtigsten physikalischen Gesetze. 2. Erlernung der wichtigsten Maßbezeichnungen; 3 Erwerbung von Sicherheit im Rechnen, insbesondere mit Rechenschieber und Logarithmentafel. 4. Aneignung der praktisch wichtigsten Fertigkeiten, z. B. Messung von Längen, Zeitmessung, Wägen; Anlassen und Untersuchung von Benzinmotoren, Elektromotoren usw. 5. Übung in zeichnerischer Darstellung. Die unter 2, 3, 4 und 5 genannten Zwecke können niemals in einer Vorlesung, sondern nur durch praktische Übungen erreicht werden. Im Verlauf eines Semesters kann im kleinen Praktikum naturgemäß nur eine kleinere Anzahl dieser Aufgaben bearbeitet werden als im mittleren Praktikum.

(81.) (A) Großes physikalisches Praktikum — *täglich von 9-6* . . . . Martens

(82.) Chemische Technologie und chemische Warenkunde organischer Stoffe (mit Experimenten) — *Mo 4-6* . . . . Binz

Erdölindustrie: Benzin, Petroleum, Schmieröle, Paraffin. — Destillation des Holzes: Holzessig, Holzgeist, Formaldehyd. — Industrie der Fette und Öle; Milch, Butter, Margarine; die trocknenden Öle, Lackfabrikation, Linoleum. Seife, Glyzerin, Nitroglyzerin. — Zucker, Stärke, Gährungsgewerbe. — Kautschuk, Guttapercha. — Ätherische Öle, Kampfer. · Chinin, Morphin, Kokain. — Tee, Kaffee, Kakao. Tabak

— Entwickelung u. Stand der chemischen Industrie — *Fr 8-9 Abends* (Inhaltsangabe siehe Seite 14) Binz

(83.) Anorganische Chemie (mit Experimenten) — *Do 4-6* . . . . Binz

Grundbegriffe: Theorie der Atome und Moleküle. — Die wichtigsten Metalloide und ihre Verbindungen. — Sauerstoff, Wasser, Wasserstoffsuperoxyd. Chlor, Brom, Jod und ihre Säuren. Stickstoff, Ammoniak, Salpetersäure Der Schwefel und seine Säuren. Phosphor. Kohlenstoff. Silicium. — Die wichtigsten Metalle und ihre Salze. Natrium, Kalium, Ammonium. Gruppe des Kalziums. Magnesium. Aluminium; Verbindungen der Tonerde. Zink. Gruppe des Eisens. Die halbedeln und edeln Metalle.

Dozent:

(84.) Chemische Exkursionen — Ausschließlich für die Teilnehmer am Montagskolleg — *Zeit nach Verabredung* . . . . Binz

(85.) ([A]) Dreistündiges chemisches Praktikum — *wahlweise Di oder Fr 3-6* . . . . Binz

Anfängerübungen, qualitative und quantitative Analyse mit Berücksichtigung der wichtigsten industriellen Produkte. — Anorganische und organische Präparate.

(86.) ([A]) Sechsstündiges chemisches Praktikum — *Di, Fr 3-6* . . . . Binz

Der Lehrstoff ist derselbe, wie der des dreistündigen Praktikums. Die Durcharbeitung erfolgt in entsprechend kürzerer Zeit.

VII. Sprachen.

Der praktischen Erlernung des mündlichen und schriftlichen Gebrauchs fremder Sprachen, einschließlich der fremdsprachlichen Handelskorrespondenz, dient das »*Handelshochschul-Seminar für fremde Sprachen*«.

Für das Winter-Semester 1910/11 werden im Spanischen *Unter*-, *Mittel*- und *Ober*kurse, im Italienischen und Russischen *Unter*- und *Mittel*kurse, im Englischen und Französischen *Mittel*- und *Ober*kurse eingerichtet. In den beiden letzten Fächern setzen die *Mittelkurse* die vorhandenen (nicht bloß einmal vorhanden gewesenen) Vorkenntnisse voraus, die auf deutschen Realanstalten bei der Versetzung nach Obersekunda verlangt werden, während die *Oberkurse* für Fortgeschrittene bestimmt sind.

Für solche Studierende, die bereits eine ausreichende Kenntnis der englischen oder der französischen Sprache besitzen und lediglich in Übung zu bleiben wünschen, werden besondere »*Einstündige Kurse für Fortgeschrittene*« eingerichtet. Eine notwendige Ergänzung zu dem unter steter Beziehung auf das moderne Kulturleben erteilten Sprachunterricht bilden die in Abschnitt IX u. a. verzeichneten *Vorlesungen* aus dem Gebiet des englischen, französischen und russischen Geistes- und Wirtschaftslebens.

Die Unterrichtssprache ist soweit als möglich die fremde Sprache. Im Interesse einer gründlichen Ausbildung des einzelnen ist die Zahl der Teilnehmer an den Kursen beschränkt und die Zulassung zu den Mittel- und Oberkursen von dem Bestehen einer Aufnahmeprüfung abhängig.

(A) vor Übungen = „Aufnahme vorher bei dem Dozenten nachzusuchen".

Anmeldungen für das Seminar sind sofort am Anfang des Semesters zu den am schwarzen Brett bekannt gegebenen Terminen zu machen. Meldungen nach dem 5. November haben keinen Anspruch auf Berücksichtigung.

Studierende, die Kurse in anderen europäischen Sprachen (portugiesisch, dänisch, schwedisch, holländisch usw.) zu nehmen oder eine Ausbildung in außereuropäischen Sprachen (japanisch, chinesisch, arabisch, suaheli usw.) zu erlangen wünschen, werden ersucht, sich zu Beginn des Semesters an den Direktor des Handelshochschulseminars zu wenden. Bei ausreichender Beteiligung wird der gewünschte Kursus eingerichtet.

Die Kurse werden wie folgt abgehalten:

Englisch.

(87.) Mittelkursus I: Hart *Mo, Do 2-4.*
(88.) „ II: „ *Di, Fr 2-4.*
(89.) „ III: „ *Di, Fr 4-6.*
(90.) „ Dr. Neuendorff *Mo, Do 4-6.*
(91.) Oberkursus: Professor Brandenburg *Di, Fr 3-5*
(92.) „ Hart *Mo, Do 4-6.*
(93.) „ Dr. Spies *Mi 4-6, Fr 2-3½ präzise.*
(94.) Einstündiger Kursus für Fortgeschrittene:
Professor Brandenburg *Mi 6-7.*

Französisch.

(95.) Mittelkursus: Francillon *Mo, Do 4-6.*
(96.) „ I: Maillet *Mo, Do 3-5.*
(97.) „ II: „ *Di, Fr 3-5.*
(98.) „ Puy-Fourcat *Mo, Do 3-5.*
(99.) Oberkursus: Puy-Fourcat *Di, Fr 3-5.*
(100.) „ Schmidt *Mo, Do 4-6.*
(101.) Einstündiger Kursus für Fortgeschrittene:
Maillet *Mi 3-4.*

Russisch.

(102.) Unterkursus: Dr. Palme *Mo, Do 4-6.*
(103.) Mittelkursus: Dr. Boehme *Di, Fr 4-6.*
(104.) Russische Lektüre: Dr. Boehme *Mi 4-6.*

Der Auditorienzettel erscheint vor Beginn des Semesters.

Spanisch.

(105.) Unterkursus: Dr. de Mugica *Mo, Do 5-7.*
(106.) Mittelkursus: de Palacios *Mo, Do 4-6.*
(107.) Oberkursus: Dr. de Mugica *Di 5-7, Fr 6-8.*

Italienisch.

(108.) Unterkursus: Dr. Stoppani *Mo, Do 4-6.*
(109.) Mittelkursus: Dr. Stoppani *Di, Fr 4-6.*

(110.) Deutsche Sprachkurse für Ausländer.

Von den die Handelshochschule besuchenden Ausländern wird vorausgesetzt, daß sie eine Kenntnis der deutschen Sprache besitzen, die sie befähigt, an den Vorlesungen und Übungen teilzunehmen. Damit ihnen jedoch Gelegenheit gegeben werde, ihren Aufenthalt in Deutschland zur weiteren Vervollkommnung im Gebrauch der deutschen Sprache zu benutzen, werden Übungen im mündlichen und schriftlichen Gebrauch der deutschen Sprache abgehalten mit besonderer Rücksicht auf kaufmännische Verhältnisse:

Sprechübungen über deutsche Landes- und Volkskunde, deutsches Geistesleben und besonders über deutsche Einrichtungen im Vergleich zu ausländischen. Schriftliche Nacherzählungen von eben Gehörtem oder Beobachtetem. Pflege der kaufmännischen Korrespondenz. Lektüre ausgewählter Abschnitte aus modernen Schriftstellern nach Paszkowski, Lesebuch zur Einführung in die Kenntnis Deutschlands und seines geistigen Lebens. 4. Auflage. Berlin, Weidmann 1909.

Professor Dr. Paszkowski *Mo, Do 9 (pünktlich) bis 10½ (ohne Pause) Vorm.*

VIII. Theorie und Praxis des kaufmännischen Unterrichts.

Dozent:

(111.) Das kaufmännische Unterrichtswesen in Deutschland — *Sb 11-12* . . . . Dunker

Die Kaufmannslehre. Anfänge eines kaufmännischen Schulwesens im 18. Jahrhundert. Fortbildungsschulen; Handelsrealschulen; kaufmännische Schulen für Mädchen; Handelshochschulen.

(112.) (A) Seminar für Handelslehrer I — *Mi 3-5* . . Dunker

Besprechungen über Fragen des kaufmännischen Unterrichts, besonders über Organisation des Fortbildungsschulwesens, im Anschluß an Vorträge der Mitglieder.

(A) vor Übungen = „Aufnahme vorher bei dem Dozenten nachzusuchen".

Dozent:

(113.) (^{A}) Seminar für Handelslehrer II . . . . Dunker

Praktische Lehrtätigkeit der Mitglieder in den kaufmännischen Fortbildungsschulen der Korporation der Kaufmannschaft an später zu bestimmenden Tagen und Stunden.

Anmeldungen zum Seminar werden sofort zu Anfang des Semesters erbeten.

(114.) (^{A}) Methodik der kaufmännischen Unterrichtsfächer — *Do 6-7* . . . . Leitner

Die kaufmännischen Unterrichtsfächer im Lehrplan der verschiedenen Unterrichtsanstalten, ihre Aufgaben und Ziele. Konzentration; Kombination einzelner Lehrgegenstände. Handels- oder Handelsbetriebslehre? Kritik der Lehrpläne einiger bedeutenderer Unterrichtsanstalten. Methodische Behandlung der Unterrichtsfächer — Buchhaltung, Korrespondenz, Handels- und Wechselkunde, Rechnen, Volkswirtschaftslehre — im Anschluß an Probelektionen der Seminar-Teilnehmer. Kritik der Literatur (Referate).

IX. Allgemeine wissenschaftliche Ausbildung.

(115.) Psychologie — *Do 7-8* . . . . Frischeisen-Köhler

Das Wesen der Seele. Körper und Geist. Die Hauptgesetze des psychischen Lebens. Die geistige Entwickelung des Menschen.

(116.) Deutsche Literaturgeschichte der neuesten Zeit — *Do 9-10 Abends* . . . . Herrmann

Rückblick auf die Leistungen der Generation 1848—1880: Realismus. — Deutsche Kultur und Kunst seit 1880. Naturalistische Theorie. Schiffbruch der Lyrik. — Ausländischer Einfluß: Zola, die Russen, Ibsen. — Entwickelung der Literatur in drei Stufen: 1. Selbständige Dichter: Wildenbruch, Fontane, Liliencron, 2. der neurealistische Roman: Kretzer, M. G. Conrad, Bleibtreu, Conradi u. a., 3. der konsequente Naturalismus und das Drama: Holz und Schlaf; Gerhart Hauptmann u. a.

(117.) Deutsche und niederländische Kunst im XVII. und XVIII. Jahrhundert (mit Lichtbildern) — *Di 9-10 Abends* . . . . Justi

Elsheimer. — Rubens und van Dyck. — Frans Hals. — Rembrandt. — Die Holländer. — Deutsche Kunst im XVIII Jahrhundert.

(118.) Wohnungskultur (mit Lichtbildern) — *Mo 9-10 Abends* . . . . Muthesius

Bedeutung der Wohnung für das Wohlbefinden des Menschen. Verschiebung der Wohnverhältnisse im 19. Jahrhundert. Das städtische Wohnen, das Wohnen im Landhause. Die Wohnung der Minderbemittelten, die Arbeiterwohnung. Landerschließung, Villen, Kolonien, Gartenstädte. Die Anlage des städtischen Hauses, die Mietsetage. Die Anlage des Landhauses. Beziehung des Landhauses zum umgebenden Garten. Der Garten. Hygienische, Zweckmäßigkeits- und Geschmacksanforderungen an das Haus. Die Gestaltung der Räume

Dozent:

nach Gebrauchs- und Schönheitsgesichtspunkten. Ausbildung der Wand, der Decke, des Bodens. Das Mobiliar, die Ausstattungsstücke. Die heutige Wohnungskultur. Hoffnungen und Wünsche.

(119.) London in Vergangenheit und Gegenwart (mit Bildern und Lichtbildern) — *Do 7-8* . . . Spies

Äußere und innere Geschichte Londons von den ältesten Zeiten bis zur Gegenwart. — Londons Bedeutung für England in politischer, kommerzieller, künstlerischer, literarischer und sprachlicher Hinsicht historisch entwickelt; Zentralisation und ihre Wirkungen. — Das moderne London nach allen Seiten des englischen Kulturlebens hin betrachtet.

Ausgabe eines genauen Programms mit einer Bibliographie im Lauf der Vorlesungen.

(120) Our English Cousins (Selected chapters from English life) — *Do 6-7* . . . . Spies

Introductory remarks. — Short account of the principal changes in the development of England. — Public life and education (schools and universities), together with a survey of the church, the religious bodies, and social efforts. — Questions of the day.

Full details of the above programme together with a list of books will be ready for distribution in winter.

(121.) Les courants intellectuels en France — *Fr 7-8* Haguenin

La République de 1848. Le Second Empire. Les mouvements politiques et religieux. Les sciences, les arts, la littérature.

X. Fertigkeiten.

(122.) Stenographie (System Stolze-Schrey) . . . . Coprian

Unterkursus — *Di 8-10*

Oberkursus — *Fr 8-10*

Diktatübungen und Debattenschrift.

(A) vor Übungen = „Aufnahme vorher bei dem Dozenten nachzusuchen".

D.

Stunden-Übersicht

für das

Winter-Semester 1910/11.

Der **Auditorienzettel** erscheint vor Beginn des Semesters.

D. Stunden-Über

Stunde	Montag	Dienstag	Mittwoc
9—10	**Wegener,** China *Paszkowski, Deutsch f. Ausländer*	**Eltzbacher,** Bürgerl. Recht	**Jastrow,** Allg. Nation **Eltzbacher,** Jur. Ueb **Schär,** Handelsw. Se
10—11	**Preuß,** Staatsrecht **Wegener,** Polarforschung *Paszkowski, Deutsch f. Ausländer*	**Eltzbacher,** Zivilprozeß **Schär,** Kaufm. Arithmetik	**Jastrow,** Allg. Nation **Eltzbacher,** Jur. Ueb **Schär,** Handelsw. Se
11—12	**Preuß,** Staatsrecht **Kriele,** Wirtschaftl. Interessen	**Schär,** Allg. Handelsbetriebsl. **Dunker,** Wirtschaftsgeographie	**Schär,** Handelsbetrie
12—1	**Preuss,** Finanzwissenschaft **Manes,** Versicherungslehre	**Dunker,** Wirtschaftsgeographie **Martens,** Maschinenlehre **Obst,** Technik des Bankgeschäfts	**Sombart,** Spez. Nation
1—2	**Manes,** Versicherungslehre		**Sombart,** Spez. Nation
2—3	*Hart, Engl. M. —*	*Hart, Engl. M. —*	
3—4	*Hart, Engl. M. — Puy-Fourcat, Franz. M. — Maillet, Franz. M. I*	*Hart, Engl. M. — Brandenburg, Engl. O. — Maillet, Franz. M. II — Puy-Fourcat, Franz. O.*	**Dunker,** Sem. f. Hande *Maillet, Franz. E.*
4—5	**Binz,** Chemische Technologie **v. Bortkiewicz,** Vers.-Rechnung **Obst,** Buchhaltung (Vorber.) *Neuendorff, Engl. M. — Hart, Engl. O. — Francillon, Franz. M. — Puy-Fourcat, Franz. M. — Maillet, Franz. M. I — Schmidt, Franz. O. — Palme, Russ. U. — de Palacios, Span. M. — Stoppani, Ital. U.*	**Crüger,** Ueb. i. Genossenschaftsw. (14 täg.) *Hart, Engl. M. — Brandenburg, Engl. O. — Maillet, Franz. M. II — Puy-Fourcat, Franz. O. — Boehme, Russ. M. — Stoppani, Ital. M.*	**Dunker,** Sem. f. Hande **Sombart,** Volksw. Ueb **Eltzbacher,** Jur. Uebu *Boehme, Russ. Lektüre* *Spies, Engl. O.*
5—6	**Binz,** Chemische Technologie **v. Bortkiewicz,** Vers.-Rechnung **Obst,** Buchhaltung (Vorber.) *Neuendorff, Engl. M. — Hart, Engl. O. — Francillon, Franz. M. — Schmidt, Franz. O. — Palme, Russ. U. — de Mugica, Span. U. — de Palacios, Span. M. — Stoppani, Ital. U.*	**Heilfron,** Handelsrecht **Crüger,** Ueb. i. Genossenschaftsw. (14 täg.) *Hart, Engl. M. — Boehme, Russ. M. — de Mugica, Span. O. — Stoppani, Ital. M.*	**Sombart,** Volksw. Ueb **Eltzbacher,** Jur. Uebr *Boehme, Russ. Lektüre* *Spies, Engl. O.*
6—7	**Leitner,** Handelstechnik f. Jurist. **Norden,** Handelsjournalistik **Obst,** Ueb. i. kaufm. Arithmetik *de Mugica, Span. U.*	**Heilfron,** Handelsrecht **Meißner,** Kapitalsanlage *de Mugica, Span. O.*	**Kriele,** Uebungen *Brandenburg, Engl. E.*
7—8	**v. Erdberg,** Wohlfahrtspflege **Hager,** Vers.-Verwaltungsrecht **Leitner,** Handelstechnik f. Jurist. **Marcuse,** Instrumentenkunde **Palme,** Russ. Staatsrecht	**Heilfron,** Konkursrecht **Meyer,** Wechselrecht	**v. Liebig,** Privatversi **Rohrbach,** Osteuropa u. **Kriele,** Uebungen **Obst,** Ueb. i. Bank- u. Bö
8—9	**J.F. Hoffmann,** Getreidebehandlg. **v. Luschan,** Schutzgebiete **Manes,** Sozialversicherung **Bendix,** Geldmarkt **Marcuse,** Ueb. i. geogr. Ortsbest.	**Sombart,** Wirtschaftsgeschichte **Goldschmidt,** Berlin *Coprian, Stenographie U.*	**Schär,** Organisationsl **v. Liebig,** Privatversi **Obst,** Ueb. i. Bank- u. Bö **Rohrbach,** Kolonw. U
9—10	**Muthesius,** Wohnungskultur **Manes,** Versicherungs-Praktikum	**Justi,** Deutsche Kunst **Martens,** Elektrizitätslehre *Coprian, Stenographie U.*	**Obst,** Geld-, Bank- u. Bö **J. Hoffmann,** Eisenbahn

…er-Semester 1910/11.

Bei den *Sprachen* bedeutet *U.*=Unterkursus, *M.*=Mittelkursus, *O.*=Oberkursus. *E.*=Einstündiger Kursus für Fortgeschrittene.

…onnerstag	Freitag	Sonnabend	Stunde
…er, Bürgerl. Recht …Geld und Kredit *…ki, Deutsch f. Ausländer*	**Eltzbacher,** Bürgerl. Recht **Leitner,** Handelsw. Seminar	**Jastrow,** Allg. Nationalökonomie	9—10
…er, Zivilprozeß …Buchhaltung …uchhaltungsseminar *…ki, Deutsch f. Ausländer*	**Schär,** Kaufm. Arithmetik **Köbner,** Mod. Kolonialreiche **Leitner,** Handelsw. Seminar	**Jastrow,** Allg. Nationalökonomie **Leitner,** Wechsellehre	10—11
…Buchhaltung …uchhaltungsseminar	**Schär,** Handelsbetriebslehre **Dunker,** Wirtschaftsgeographie **Martens,** Maschinenlehre	**Dunker,** Kaufm. Unterrichtsw. **Preuß,** Finanzwissenschaft	11—12
…, Spez. Nationalökonomie …epetitorium	**Dunker,** Nordamerika **Martens,** Maschinenlehre	**Dunker,** Einführung **Preuß,** Finanzwissenschaft	12—1
…, Spez. Nationalökonomie		**Preuß,** Konvers. über Bürgerkunde	1—2
…l. M. —	*Hart, Engl. M. — Spies, Engl. O.*		2—3
…gl. M. — Puy-Fourcat, …. — Maillet, Franz. M. I	**Jastrow,** Volksw. Seminar *Hart, Engl. M. — Spies, Engl. O. — Brandenburg, Engl. O. — Maillet, Franz. M. II — Puy-Fourcat, Franz. O.*		3—4
…organische Chemie *…rff, Engl. M. — Hart, — Francillon, Franz. M. …Fourcat, Franz. M. — Franz. M. I — Schmidt, … — Palme, Russ. U. — …cios, Span. M. — Stoppani,*	**Jastrow,** Volksw. Seminar *Hart, Engl. M. — Brandenburg, Engl. O. — Maillet, Franz. M. II — Puy-Fourcat, Franz. O. — Boehme, Russ. M. — Stoppani, Ital. M.*	**Martens,** Kleines physik.-technisches Praktikum Do oder Sb 3-6 Uhr. — Mittleres physikalisch-technisches Praktikum Do und Sb 3-6 Uhr. — Großes physikalisches Praktikum tägl. 9-6 Uhr. **Binz,** Chem. Praktikum, 3 stündig, wahlweise Di oder Fr 3-6 Uhr. — Chemisches Praktikum, 6 stünd., Di u. Fr 3-6 Uhr. — Chem. Exkursionen, i. zu verabredenden Stunden (i. Anschl. a. d. Vorlesung Chem. Technologie).	4—5
…organische Chemie *…rff, Engl. M. — Hart, — Francillon, Franz. M. …idt, Franz. O. — Palme, — de Mugica, Span. U. — …cios, Span. M. — Stoppani,*	**Crüger,** Genossenschaftsgesetz **Ziegel,** Arithmetik und Algebra *Hart, Engl. M. — Boehme, Russ. M. — de Mugica, Span. O. — Stoppani, Ital. M.*		5—6
…Methodik …xport-Kolloquium …r English cousins *…ca, Span. U.*	**Heilfron,** Handelsrecht **Osterrieth,** Gewerbl. Rechtsschutz *de Mugica, Span. O.*		6—7
…Bilanzkritik …ndon …enbahnrecht **…sen-Köhler,** Psychologie …, Uebungen (14tägig)	**Heilfron,** Bank- und Börsenrecht **Haguenin,** Courants intellectuels en France **Rahts,** Soziale Statistik		7—8
…Handelspolitik …, Uebungen (14tägig) …Uebungen	**Eltzbacher,** Jurisprud. d. tägl. Lebens **Binz,** Chem. Industrie **Hoeniger,** Deutschtum i. Auslande *Coprian, Stenographie O.*		8—9
…n, Dtsch. Literaturgesch. …Buchherstellung …Uebungen	**Marcuse,** Luftschiffahrt **Hoeniger,** Handelsgeschichte *Coprian, Stenographie O.*		9—10

E.

Bestimmungen über Anfragen, Aufnahmebedingungen, Gebühren, Drucksachen, ersten Immatrikulationstermin, Beginn der Vorlesungen, Ferien.

1. Anfragen in Unterrichtsangelegenheiten sind zu adressieren:

An den Rektor der Handelshochschule
Berlin C. 2,
Spandauer Straße 1

2. Anfragen einfacherer Art: z. B. betreffend Immatrikulationstage, Drucksachen etc. können auch

An das Sekretariat der Handelshochschule
Berlin C. 2,
Spandauer Straße 1.

gerichtet werden.

3. Aufnahmebedingungen und Gebühren.

a) Für die Immatrikulation als Studierender ist erforderlich:

entweder Einjährig-Freiwilligen-Zeugnis und Zeugnis über beendete kaufmännische Lehrzeit

oder Abiturienten-Zeugnis einer Vollanstalt

oder Zeugnis über bestandene zweite Lehramts-Prüfung.

Studiengeld pro Semester 125 M. (Ausländer 250 M.), einmalige Aufnahmegebühr 30 M. (Ausländer 60 M.). Studierende, die bereits an einer andern Hochschule immatrikuliert waren, zahlen nur die halbe Aufnahmegebühr. Mitglieder der Korporation der Kaufmannschaft von Berlin, sowie deren Söhne und Töchter sind von der Aufnahmegebühr befreit.

b) Als Hospitanten können Personen zugelassen werden, welche zwar den Aufnahmebedingungen genügen, aber durch persönliche Verhältnisse (höheres Lebensalter, Lebensstellung usw.) verhindert sind, sich als Studierende immatrikulieren zu lassen. Sie bezahlen als Kollegiengeld für die Wochenstunde pro Semester 10 M. (Ausländer 20 M.), sowie als Gebühr für die Benutzung der Bibliothek und Lesehalle pro Semester 5 M.

c) Hörer ohne Nachweis einer bestimmten Vorbildung können zu einstündigen Vorlesungen zugelassen werden und zahlen für die Wochenstunde pro Semester 10 M. (Ein Auszug aus dem Vorlesungsverzeichnis, enthaltend die „Einstündigen Vorlesungen", kann vom Sekretariat unentgeltlich bezogen werden.)

4. Ausführlichere Angaben betreffend die Handelshochschule, sowie Immatrikulationsbestimmungen, Gebührenordnung, Prüfungsordnungen etc. sind enthalten in der Druckschrift:

   „Die Handelshochschule Berlin, Bericht über die erste Rektoratsperiode Oktober 1906—1909, erstattet von dem Rektor der Handelshochschule Professor Dr. Jastrow." Verlag von Georg Reimer, Berlin W. 35. Preis 3 M. (Zu beziehen durch jede Buchhandlung, sowie direkt vom Verlage.)

5. Die erste Immatrikulation für das Winter-Semester findet statt: **Sonnabend, den 15. Oktober.** Gleichzeitig beginnen, insbesondere für neu immatrikulierte Studierende, die eine Beratung über den Studienplan wünschen, die Sprechstunden des Rektors (s. S. 3). Anmeldungen zur Immatrikulation werden jederzeit (auch während der Ferien) im Sekretariat der Handelshochschule entgegengenommen. — Die Vorlesungen beginnen **Dienstag, den 25. Oktober.** Die Studierenden werden darauf aufmerksam gemacht, daß nach Berliner Sitte für Zimmer, die vom 1. November ab gemietet werden, eine tageweise Bezahlung der Miete für den Oktober vereinbart werden kann.

6. Weihnachtsferien: 23. Dezember bis 5. Januar.

Börsenbuchdruckerei Denter & Nicolas,
Berlin C.

www.ingramcontent.com/pod-product-compliance
Lightning Source LLC
LaVergne TN
LVHW091733021026
849161LV00003BB/608